浙江省高精度数字高程基准工程建设技术规程（外业部分）

Technical Regulations for Construction of High-precision Digital Elevation Datum Project in Zhejiang Province (Part of Field Working)

浙江省测绘科学技术研究院　编

测绘出版社

·北京·

内容简介

为满足浙江省高精度数字高程基准工程建设需要,更好理解和执行现有的标准规范,并将最新技术以及生产中的经验应用于测绘生产,本技术规程规定了高精度数字高程基准工程建设中布网设计、点位勘选、点位建造、点位观测,以及成果整理等内容,针对点位建造和观测,还规定了建造规格、施测方法、精度指标等内容。附录部分是针对正文的细化,并给出了样例。本书适用于省级现代测绘基准体系基础设施建设,同时也可作为其他类似工程的参考书,可为从事测量生产的工程技术人员提供参考。

图书在版编目(CIP)数据

浙江省高精度数字高程基准工程建设技术规程. 外业部分 / 浙江省测绘科学技术研究院编. -- 北京 : 测绘出版社, 2025. 2. -- ISBN 978-7-5030-4549-3

Ⅰ. P224.1-65

中国国家版本馆 CIP 数据核字第 2024SD3659 号

浙江省高精度数字高程基准工程建设技术规程(外业部分)

ZHEJIANG SHENG GAO JINGDU SHUZI GAOCHENG JIZHUN GONGCHENG JIANSHE JISHU GUICHENG(WAIYE BUFEN)

责任编辑 巩 岩　　**封面设计** 李 伟　　**责任印制** 陈姝颖

出版发行	测绘出版社	**电　话**	010—68580735(发行部)
地　址	北京市西城区三里河路 50 号		010—68531363(编辑部)
邮政编码	100045	**网　址**	https://chs.sinomaps.com
电子邮箱	smp@sinomaps.com	**经　销**	新华书店
成品规格	210mm×297mm	**印　刷**	北京捷迅佳彩印刷有限公司
印　张	3	**字　数**	84 千字
版　次	2025 年 2 月第 1 版	**印　次**	2025 年 2 月第 1 次印刷
印　数	001—300	**定　价**	42.00 元

书　号 ISBN 978-7-5030-4549-3

审 图 号 GS 京(2025)0202 号

目　次

前言 …… Ⅲ
1 适用范围 …… 1
2 规范性引用文件 …… 1
3 布网设计 …… 1
3.1 GNSS/水准点布设 …… 1
3.2 水准路线布设 …… 1
4 点位勘选 …… 2
4.1 GNSS/水准点勘选 …… 2
4.2 水准路线普查 …… 2
4.3 已有控制点利用 …… 3
5 点位建造 …… 3
5.1 基本规定 …… 3
5.2 标志规格 …… 3
5.3 点位埋石规格 …… 3
5.4 GNSS/水准点命名与点号编制 …… 5
5.5 水准路线命名及水准点编号 …… 6
5.6 标石类型符号 …… 7
6 点位观测 …… 7
6.1 GNSS观测 …… 7
6.2 水准观测 …… 10
6.3 观测同期性要求 …… 14
7 成果整理 …… 14
7.1 选建资料 …… 14
7.2 观测资料 …… 15
7.3 文档资料 …… 15
附录A(资料性) 浙江省水准路线布设 …… 16
附录B(资料性) 浙江省连测水准基点分布 …… 17
附录C(资料性) 点位埋石参照规格 …… 18
附录D(资料性) 浙江省相邻设区市连测水准基点统计 …… 21
附录E(资料性) 点位普查登记表格式 …… 23
附录F(资料性) GNSS/水准点点之记格式 …… 24

附录 G(资料性) GNSS/水准点普查记录表格式 …… 27
附录 H(资料性) 水准点普查记录表格式 …… 30
附录 I(资料性) 待完善更新的水准点点之记格式 …… 31
附录 J(资料性) 点位埋石照片格式 …… 32
附录 K(资料性) 浙江省各县市区代码 …… 33
附录 L(资料性) GNSS 外业观测手簿格式 …… 36
附录 M(资料性) GNSS 点外业观测信息表格式 …… 37
附录 N(资料性) 水准测量外业观测信息统计表格式 …… 38
参考文献 …… 39

前　言

根据《浙江省基础测绘"十四五"规划》工作部署,为进一步优化全省测绘高程基准系统,提高似大地水准面模型精度,全面提升测绘基准服务能力,更好满足经济社会高质量发展对高精度高程基准的需求,2023年浙江省自然资源厅启动了全省高精度数字高程基准工程建设工作。

在工程建设实施中,为强化顶层设计,统一建设标准,紧密衔接国家基准基础设施建设,结合浙江省实际情况,特编写本技术规程,细化作业技术要求,高效指导本工程建设实施,并为同类工程项目实施提供技术参考。

本规程由浙江省测绘科学技术研究院组织编写。

本规程主要起草人:沈正中、余华芬、胡正伟、苏立钱、龚丽芳、张乙志、王星星、冯杨民、王凯时、王建峰、孔晖、陈少飞、姜万水、刘立、俞栋耀、王路、王攀、张亮、张现超。

1 适用范围

本规程规定了浙江省高精度数字高程基准工程建设外业技术要求、作业流程和成果形式等。

本规程适用于浙江省各设区市高精度数字高程基准工程建设中布网设计、点位勘选、点位建造、点位观测和成果整理等工作。

2 规范性引用文件

下列文件中的内容通过文中的规范性引用而构成本文件必不可少的条款。其中,注日期的引用文件,仅该日期对应的版本适用于本文件;不注日期的引用文件,其最新版本(包括所有的修改单)适用于本文件。

GB/T 12897—2006 国家一、二等水准测量规范

GB/T 18314—2009 全球定位系统(GPS)测量规范

GB 22021—2008 国家大地测量基本技术规定

浙江省高精度数字高程基准工程建设总体方案

3 布网设计

3.1 GNSS/水准点布设

在全省和周边卫星导航定位基准站及省级 GNSS/水准点布设的基础上,设区市 GNSS/水准点按照平原区域平均点间距约 6 km、最大不超过 10 km,山地、高山地区域平均点间距约 15 km、最大不超过 30 km 的原则布设。

3.2 水准路线布设

3.2.1 水准路线布设

水准路线是高程控制网的具体表现形式,应遵循由高级到低级、从整体到局部,逐级控制、逐级加密的布设原则实施。结合本工程项目实施要求,在国家一等水准路线和设区市已有二等及以上水准路线基础上,布设水准路线。

a) 一等水准附合路线布设。在国家一等水准路线基础上,升级布设湖州市区域一等水准路线,与杭州市、嘉兴市已有一等水准路线构成一等水准环线(见附录 A);自西往东、自南往北,在绍兴市、金华市区域升级布设一等水准路线,与衢州市、宁波市、丽水市已有一等水准路线构成一等水准环线(见附录 A),强化全省一等水准路线的网型结构。

b) 一等水准支线布设。为提升海岛区域的水准网精度,将台州头门岛、温州洞头岛等沿海各岛屿二等水准支线升级为一等水准支线(见附录 A)。

c) 二等水准支线布设。结合本工程项目实施要求,根据 GNSS/水准点的空间分布,更新布设各设区市二等水准路线。

3.2.2 水准点布设密度

水准路线上每隔一定距离应布设水准点,新设水准路线按点间距 4～8 km 布设普通水准点,经济发达地区平均点间距为 2～4 km,特殊困难地区点间距一般不大于 10 km,平均点间距应不超过 6 km,沿主要国道、省道、县道等道路布设为闭合路线、附合路线、水准支线形式。以基岩水准点或岩层水准点

为相邻设区市间的连测水准基点,基点分布见附录 B,连测水准基点统计表见附录 D。

4 点位勘选

4.1 GNSS/水准点勘选

a) 选点人员在点位勘选前应熟悉本项目有关的规范、规定和技术要求,收集已有相关资料。

b) 点位应选择在稳定坚实的基岩、土层等能长期保存且满足观测条件的地点,并做好选点标记,拍摄标石情况、点位环境及东南西北四个方向的遮挡情况照片,拍摄遮挡情况时,相片中心高度角设定为 15°(角度误差不大于 1°)。

c) 选点时应避开近期环境变化大、测量标志难以长期保存的地点,如易受水淹的河床、低地,距离铁路 100 m 范围内的地区,或者已规划的易受施工影响且有剧烈震动的地点。

d) 选点时应避开地质环境不稳定的地区,如断裂破碎带边缘,易发生洪水、滑坡、岩崩、局部沉降的地区,另外应避开有大量物质搬移的矿区、采石场等。

e) 选点时应远离发射功率强大的无线发射源、微波信道,距离不小于 200 m;也要远离高压线(电压大于 1 万伏),距离不小于 50 m。

f) 选点时应避开多路径影响地区,避免靠近大面积的水域、树冠、镜面高大建筑物等,点位四周视场内障碍物的高度角不宜大于 15°,当困难地区高度角大于 15°时,应将其水平投影绘制在点之记的点位环视图上,投影范围应记录在点之记的点位环视图说明中,投影范围总和不宜超过 60°(统计精度不大于 5°)。

g) 选点人员应实地勘察选定点位,测定点位大地坐标,记录取位至 0.1″,记录在点位普查登记表中,表格样例见附录 E。

h) 选点工作完成后,应在现场绘制 GNSS/水准点点之记,点之记的填写式样及填写说明见附录 F。

i) 用于似大地水准面模型建设与检测的点位,需采用 GNSS 分体式接收机测定不少于 10 min,统计点位观测质量,记录在 GNSS/水准点普查记录表中,样例见附录 G。

4.2 水准路线普查

a) 对于已有各等级水准点,本次作业前应重新进行普查。普查时,进行点位环境清理,认真记录点位信息,拍摄能反映标石状况的照片一张、点位环境照片一张,拍摄样例见附录 H。

b) 当一条普查路线上有多条路线的水准点与连测点时,原则上只普查设计水准路线的水准点;当设计水准路线水准点被破坏时,宜利用其他路线满足要求的水准点和连测点,仍不够时,需补埋。

c) 对于原水准路线中标石标志分为主标志、副标志的水准点和分为暗标志、明标志的水准点,以主标志、暗标志为准。当主标志、暗标志受损,副标志、明标志保存完好且标石标志满足要求时,副标志、明标志可作为普通水准点利用。

d) 对已利用的水准点应完善更新其点之记,点之记式样见附录 I。若原点之记中选点单位、选点者、选点日期、埋石单位、埋石者、埋石日期的信息缺失或来源不明,在新绘制的点之记中可填写不详,仅填写维修单位、维修者、维修日期。

e) 对已有水准路线中受损的水准点,宜按照“缺一补一”的原则进行补埋。旧水准点被破坏或不便于观测、使用时,可根据实际情况和项目需要进行处理:在原点位附近重新埋设水准点,并绘制点之记;当水准点间距满足项目需求时,放弃该点不重新埋设水准标石。

f) 水准点宜选在路线附近的政府机关、学校、公园内。

g) 下列地点,不宜设为选埋点:

1) 易受水淹或地下水位较高的地点;

2） 易发生土崩、滑坡、沉陷、隆起等地面局部变形的地点；
3） 路堤、河堤、冲积层河岸及地下水位变化较大(如油井、机井附近)的地点；
4） 距铁路 100 m 以内或其他受剧烈震动的地点；
5） 不坚固或准备拆修的建筑物上；
6） 短期内将因修建可能被毁掉标石或不便观测的地点；
7） 道路上填方的地段。

4.3 已有控制点利用

已有控制点利用应满足以下要求。

a） 点位地基稳定，利于标石长期保存和高程连测，便于利用卫星定位技术测定坐标，防止施工及其他偶然性因素导致标石破坏。
b） GNSS/水准点应满足观测条件，符合 6.1.4.3 节的观测基本技术要求。
c） 水准点宜选用交通便利、便于其他测量手段进行扩展和连测的点位。

5 点位建造

5.1 基本规定

GNSS/水准点按照岩层普通水准标石、混凝土柱普通水准标石类型进行点位埋设，并拍摄点位埋石照片(见附录 J)。

水准连测线路上，对于无法埋设岩层水准普通标石及混凝土柱普通水准标石的困难地区，可埋设固定构筑物水准标石、墙脚水准标志。

5.2 标志规格

标志宜采用不锈钢材料制作，其规格设计式样可参照图 5.1 执行，标志顶端钻直径 1 mm、深2 mm 的小孔或十字丝标记，将其作为该点位平面对中标识。

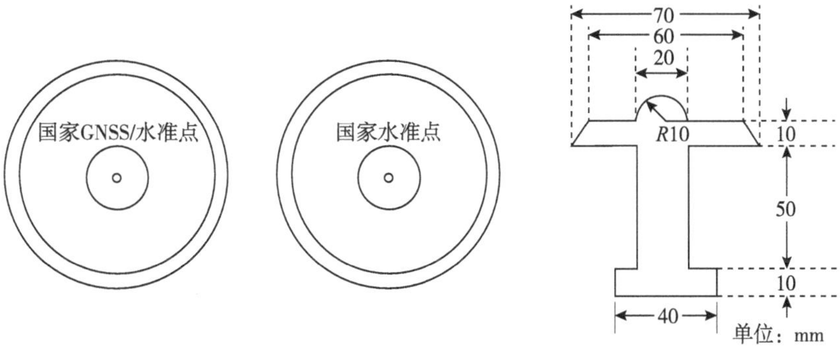

图 5.1 标志规格设计式样参照

5.3 点位埋石规格

5.3.1 岩层普通水准标石

有岩层露头或在地面下不深于 1.5 m 的地点，应优先选择岩层普通水准标石埋设，点位埋石参照规格见附录 C 中图 C.1，点位尺寸规格应在点之记中据实绘制。

5.3.2 混凝土柱普通水准标石

5.3.2.1 预制钢筋骨架

混凝土柱石的钢筋骨架宜采用 ϕ≥10 mm 的 3 根足筋以及 ϕ≥6 mm 的裹筋制作,扎成三棱柱体。足筋上端弯成直径为 0.025 m 的半圆,下端弯成直角,裹筋围成边长为 0.15 m 的等边三角形,将两端重叠扎紧。

混凝土基座的钢筋骨架用 ϕ≥10 mm 的钢筋交叉捆扎成网状,钢筋两端弯成直径为 0.025 m 的半圆,规格及形状见附录 C 中图 C.2。

5.3.2.2 标石坑

以选点标记为中心挖掘标石坑,大小以方便作业为准,深度、宽度参照附录 C 中的规定执行。具体各点位深度应充分考虑地方要求,对不允许点位护井、护盘高出地面的点位,以满足护盘与地面齐平为准。

5.3.2.3 建造基座

土质坚实的地区可使用土模建造标石基座。在标石坑底部按规定尺寸挖掘基座土模,用指南针和水平尺使土模一侧位于南北方向且使土模底面水平。

建造基座时,先浇灌混凝土至基座深度的一半,充分捣固后再放入基座钢筋骨架,并在基座中心垂直安置柱石钢筋骨架,将柱石钢筋骨架底部与基座钢筋骨架捆扎牢固,浇灌混凝土至基座顶面,充分捣固并使混凝土顶面处于水平状态。

5.3.2.4 建造标石柱体

开挖至硬土层,使用 PVC 管现场浇筑混凝土柱普通水准标石,底座厚度为 0.20 m、柱体高度为 1.20 m、柱体直径为 0.30 m,标石样式按照附录 C 中图 C.2 执行。

混凝土柱普通水准标石所用材料应符合的要求如下。

a) 采用的水泥标号应不低于 32.5R(425#)。制作不受冻融影响的混凝土柱普通水准标石,应优先采用矿渣和火山灰质水泥,不得使用粉煤灰水泥;制作受冻融影响的混凝土柱普通水准标石,宜使用普通硅酸盐水泥;在制作受盐碱、海水或工业污水侵蚀地区的标石时,宜使用抗硫酸盐水泥。

b) 石子采用级配合格的 5~40 mm 的天然卵石或坚硬碎石,不宜采用同一尺寸的石子。

c) 沙子采用粒径为 0.5~3 mm 的,含泥量不得超过 3%。

d) 水应采用清洁的淡水,硫酸盐含量不得超过 1%。

e) 外加剂可根据施工环境选用,如早强剂、减水剂、引气剂、速凝剂等,不得使用含氯盐的外加剂。

采用内径不小于 0.20 m 的 PVC 管,代替模型板制作标石柱体,其长度为规定的柱石高度加基座高度的一半。涵管上端用物体支撑使其处于铅垂状态,浇灌混凝土至基座顶面。待基座混凝土初凝后(常温下约 1 h),浇灌混凝土至涵管顶端,用振捣棒逐层捣固,使下部气体排出。在进行柱体顶面的处理时,需将涵管顶面内切打毛,使之连为一体。在涵管顶部中央安置水准标志,标志应端正、平直地安放,字头朝北,将混凝土顶面抹平、印字。

使用预制件埋设混凝土柱普通水准标石时,预制件的长度应为柱体长度加基座高度的一半,预制件内的钢筋在底部应出露 0.20 m,在埋设前弯成直角。埋设方法为:先浇灌混凝土至基座深度的一半,充分捣固后再放入基座钢筋骨架;将柱体预制件垂直放入基座中心,将套在预制件内的柱体钢筋骨架底部弯成直角的钢筋,与基座钢筋骨架捆扎在一起;浇灌混凝土至基座的高度,保持柱体垂直至混凝土凝固;回填土,建造护井,做好外部整饰。埋设规格及形状见附录 C。

5.3.3 固定构筑物水准标石

在大型桥梁、堤坝、隧道等混凝土结构体上采用机械钻孔埋设,埋设规格见附录 C 中图 C.3。

5.3.4 墙脚水准标志

在选定的建筑物的坚固墙壁或石崖直壁上,于高出地面 0.4~0.6 m 处钻凿孔洞,并用水洗净浸润,然后浇灌 1∶2 的水泥沙浆,放入墙脚水准标志,使其与墙面垂直。在标志下方墙面上用 1∶1 的水泥沙浆抹成 0.2 m×0.2 m 的水泥面,压印水准点字样和埋设年、月,并用红漆涂描。

5.3.5 标石面整饰

标石浇筑完成后,应对标石面进行整饰,按照 GNSS/水准点和水准点两类分别标注“GNSS”“水准点”字样及建造日期(如“2023.03”),字体高度为 4 cm,用红漆描绘,并粘置点位二维码,具体见附录 C 中图 C.2。

5.3.6 标石保护盘

埋石完成后,加盖水泥保护盘,做好外部整饰,保护盘以不高出地面为宜。保护盘盘面外围采用不锈钢板加固,中间采用 $\phi=10$ mm 的钢筋扎固,具体规格参照图 5.2。点位二维码由省级测量标志管理系统统一生成。

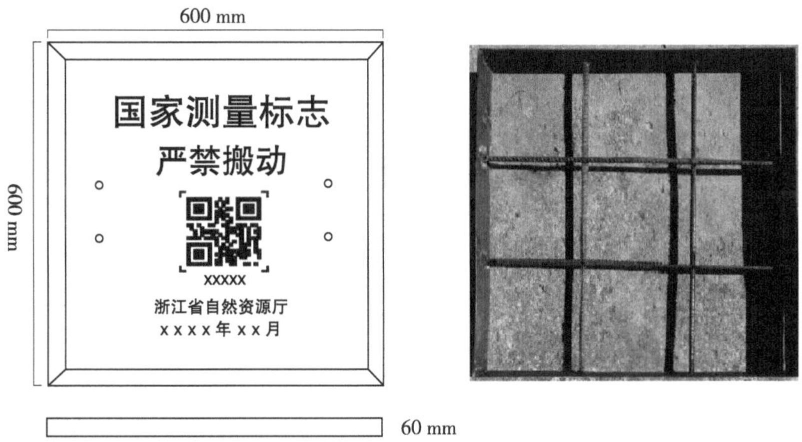

图 5.2 标石保护盘式样

5.3.7 警示标识

标石警示桩参照图 5.3 埋设,桩体外层材质为塑钢,内部可加入填充物。依据实地情况设置在距离测量标志 1 m 以内的醒目位置,优先级按测量标志的北、南、东、西方位确定;无法设立警示桩的,应视情况将警示牌(图 5.4)固定于就近位置,如周边的墙上等。

5.4 GNSS/水准点命名与点号编制

5.4.1 GNSS/水准点命名

新埋设的 GNSS/水准点标石可用埋设地的自然地名、临近的自然名称,以汉字形式命名。必要时,还可添加方位字(如东、南、西、北)等形式,不得重名。

5.4.2 GNSS/水准点编号

GNSS/水准点以“GS+设区市代码+三位数字”的格式进行编码。“GS”代表 GNSS/水准点。“设区市代码”依次为:A 代表杭州、B 代表宁波、C 代表温州、D 代表绍兴、E 代表湖州、F 代表嘉兴、G 代表金华、H 代表衢州、J 代表台州、K 代表丽水、L 代表舟山。“三位数字”为序列号,如杭州市点号为 GSA001。特别注意的是,需对利用的控制点做好原有点号对照登记。

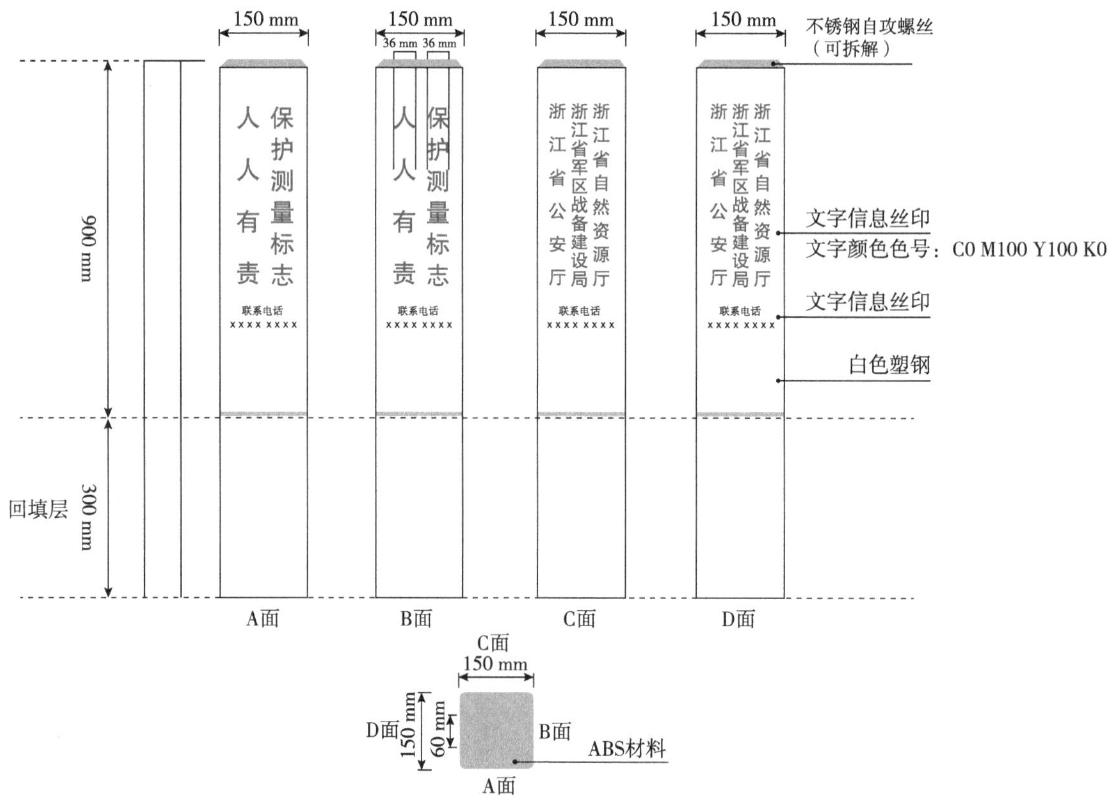

图 5.3　标石警示桩参照式样

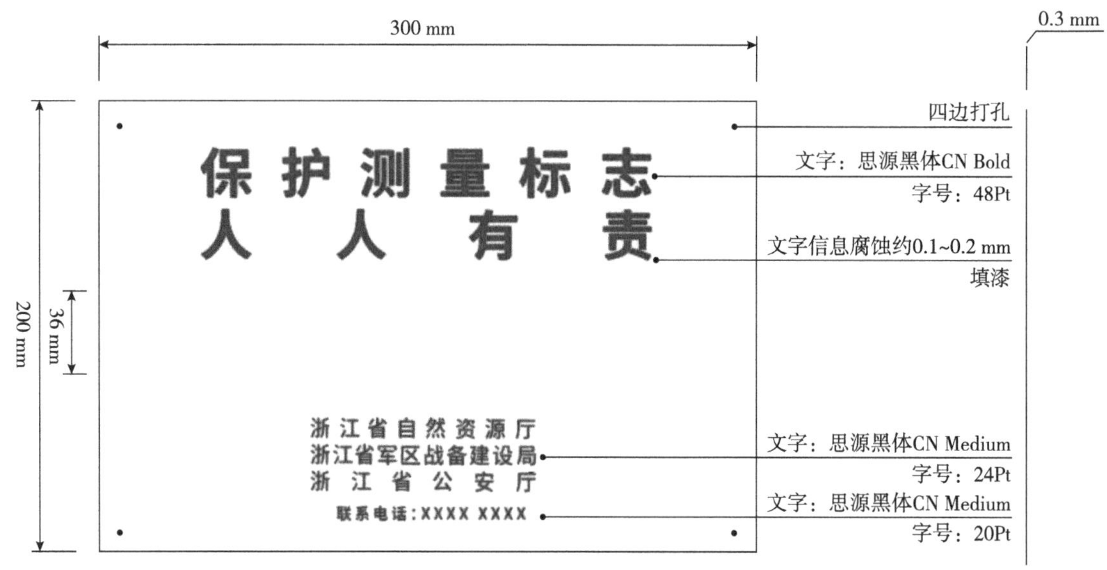

图 5.4　警示牌参照式样

5.5　水准路线命名及水准点编号

5.5.1　水准路线命名

a）一、二等水准附合路线以结点到结点间的测线划分为一条独立的路线。

b）对于个别观测困难的已有水准点，采用二等水准支线进行连测，支线单独划分为一条路线。

c）路线号格式统一为“AAAABCCC”。“AAAA” 表示“市县代码”，各县市区代码见附录 K，如

"金华市东阳市"为"0783";"B"表示"测量等级","一等水准"为"1","二等水准"为"2";"CCC"表示"水准路线序号",从"001"起编。

5.5.2 水准点编号

a) 新埋设的水准点,按原水准路线续编(如"Ⅱ新水 99")。

b) 补埋水准点,点位编号为"原点编号(年代后两位)",如"Ⅱ新水 01(23)"。

c) 若利用原有二等水准路线,则水准点的点名、点号不变。

d) 利用旧水准点时,若旧水准点的等级低于二等,则重新编排点名,并在后面括号内加注原点名,如二等水准路线上利用的"Ⅲ庆元环 17"点名修改为"Ⅱ庆元环 17 (Ⅲ庆元环 17)"。

e) 水准路线中,作为水准标石利用的地方已有 GNSS 点直接使用原 GNSS 点名在水准路线图上表示。

5.6 标石类型符号

标石类型用不同的符号表示,具体参照表 5.1 执行。

表 5.1 标石类型参照符号式样

序号	类型	尺寸	符号
1	GNSS/水准点	边长为 6 mm 的等边三角形,内切圆半径为 1.732 mm	△
2	岩层普通水准点	圆圈直径为 2 mm	◎
3	普通水准点	圆圈直径为 2 mm	⊙

6 点位观测

6.1 GNSS 观测

6.1.1 设备要求

为保证与全省卫星导航定位基准站设备的一致性,实现各控制点相位中心统一解算,本次 GNSS 测量设备宜统一采用天宝大地测量型设备(含天线)。

6.1.1.1 GNSS 接收机性能指标

GNSS 接收机应选用能够同时接收北斗、GPS、GLONASS 双频全波长信号、全密封型的 GNSS 接收机。接收卫星信号通道为 220 通道以上,可同时对 12 颗以上的 GNSS 卫星进行多频观测,至少能同时接收卫星的一个频率的 C/A 码伪距、两个频率的全波长载波相位观测值及精准码观测值。内存容量可连续保存至少 5 天的数据。GNSS 接收机性能应满足以下要求。

a) 工作温度:GNSS 接收机在-20℃~+50℃的环境下能长期正常工作。

b) 工作湿度:GNSS 接收机在相对湿度不大于 100%的环境下能长期正常工作。

c) GNSS 测量需使用标称精度优于 5 mm$\pm 1\times 10^{-6}$D 的接收机。

d) 观测噪声低、功耗小(电池容量大、观测时间长或换电方便)、工作稳定性好。

e) 观测值的输出间隔:至少能输出采样间隔为 1 s、15 s 和 30 s 的 GNSS 原始观测数据。

f) 体积小、防水、防潮、防震、利于野外观测。

6.1.1.2 GNSS 天线

GNSS 天线应选用天线相位中心偏差小、稳定、有明显指北线标志的扼流圈(choke ring)型或抑径板型大地测量天线,并能在以下环境长期进行正常工作。

a) 工作温度为−20℃～+70℃。

b) 工作环境为相对湿度不大于100%。

c) 天线相位中心偏差小于3 mm。

6.1.2 观测仪器检定与检验

观测使用的GNSS接收机和配套天线应按以下要求进行检定和检验。

a) GNSS接收机和配套天线,应在施测前、后分别由国家计量部门认可的仪器检定单位进行检定,出具检定证书,检定合格的仪器应在有效期内使用。在作业中,GNSS接收机和天线如需更换,应对更换后的主机(及配套天线)或天线(及配套主机)进行检定。仪器检定合格证复印件随观测成果上交。

b) 在使用过程中,如发现仪器有异常情况,应立即重新进行检验,或维修后应对维修部分重新进行检验。

6.1.3 仪器维护

a) GNSS接收机等仪器应指定专人保管,做好运输保障,并应采取防震措施,不得碰撞、倒置或重压。

b) GNSS接收机和天线应注意防震、防潮、防晒、防尘、防蚀等;电缆线不应扭折,不应在地面拖拉等,接头和连接器应保持清洁。

c) 作业结束后,应及时擦净接收机上的水汽和尘埃,存放在仪器箱内。仪器箱应置于通风、干燥阴凉处,箱内干燥剂呈粉红色时,应及时更换。

6.1.4 观测技术要求

6.1.4.1 点位稳定时间要求

GNSS/水准点埋石后,应经过一个雨季方可观测,其中岩层控制点应埋石一个月后方可观测。

6.1.4.2 观测作业要求

当GNSS网的点数较多,网的规模较大,而参加观测的接收机数量有限且交通和通信不便时,可实行分区观测。为了增强网的整体性和提高网的精度,相邻分区应设置公共观测点,且公共观测点数量不得少于2个。

a) 架设GNSS天线时应严格置平、对中,其对中误差不应大于1 mm。天线定向线应指向正北,顾及当地地磁偏角修正后,定向误差不得大于±5°。根据天线电缆的长度在合适的位置平稳安放仪器,将天线与接收机连接并固紧。

b) 认真检查仪器、天线及电源的连接情况,确认无误后开机观测。

c) 接收机在使用外接电源前,应检查电源电压是否正常,电池正负极切勿接反。

d) 开机后应记录测站编号(或代码)、接收机类型、接收机序列号、天线类型、天线序列号、天线高及量取方式等测站信息;详细记录天线高的量测方式,包括斜高、垂高,量测时需量至天线座底部、护圈中心等。

e) 在每时段的观测前、后各量测1次天线高,读数精确至1 mm。量测天线高时,应量测互为120°天线的3个位置,当互差小于2 mm时分别计算中数,填写在测前、测后天线高的位置。测前、测后中数的互差小于3 mm时取中数采用,否则应重新观测本时段。观测采用统一印制的观测手簿,GNSS外业观测手簿内容及格式见附录L。

f) 采用强制对中连接杆观测时,应事先对连接杆连接部位进行精确检测,确认其高度。

g) 观测每个点时,需拍摄一组照片记录天线高丈量方式及读数。

h) 观测手簿应在观测现场使用2H铅笔逐页填写,汉字应使用规范汉字。记录应实事求是,严禁事后补记和涂改、编造数据,确属笔误的用横线划掉后重写。

i) 观测中不记录气象元素,观测员应定时检查接收机的各种信息,有特殊情况时,应在备注栏中注明。

j) 观测员应认真、细心地操作仪器,严防人或牲畜碰动仪器、天线和遮挡卫星信号。

k) 使用手机或对讲机通话时,应远离 GNSS 天线。

l) 雷雨季节观测时,仪器、天线应注意防雷击。

m) 观测中应保证接收机工作正常,数据记录正确,每日观测结束后,应及时将数据转存至计算机硬盘、移动存储设备上,确保观测数据不丢失。

n) 观测过程中如发生意外情况,应及时向上级部门汇报,采取处理措施,在观测手簿备注栏中做好详细记录。

6.1.4.3 观测基本技术要求和时段

GNSS/水准点观测采用基于卫星导航定位连续运行基准站的观测模式。观测基本技术要求如下。

a) 最少同步观测仪器不少于 8 台。

b) 观测时间不少于 12 h(UTC 0 时—UTC 24 时之间),不允许跨年积日。

c) 数据处理时段数为 2 个。

d) 观测时段长度不少于 6 h。

e) 同时观测有效卫星数不少于 4 颗。

f) 有效卫星高度角为 15°。

g) 数据采样间隔为 15 s。

h) 同步观测网间连接点数不少于 2 个。

i) 数据可利用率不低于 80%。

j) 两个频率的多路径效应影响 MP1、MP2 均不大于 0.5 m。

k) GNSS 接收机为双频及以上。

l) 观测模式为静态观测。

m) 野外观测必须使用扼流圈型或抑径板型的大地测量型接收天线设备。

6.1.4.4 注意事项

一个时段观测过程中不应进行以下操作。

a) 接收机重新启动。

b) 进行自测试。

c) 改变卫星截止高度角。

d) 改变数据采样间隔。

e) 改变天线位置。

f) 调整仪器高。

g) 按动关闭文件和删除文件等功能键。

6.1.4.5 补测与重测

当 GNSS/水准点一个时段有效观测时间少于 6 h 时,应重测该时段。在观测数据质量检查中有关补测时段的要求如下。

a) 2 个有效观测时段观测完后,利用 TEQC(Translation、Editing and Quality Checking)软件检查数据质量,观测数据可利用率大于 80%且两个频率的多路径效应影响 MP1、MP2 小于 0.5 m 时,视为合格数据;若只有 1 个时段不满足以上要求,应补测该时段。

b) 若 2 个时段观测数据可利用率小于 80%,或两个频率的多路径效应影响 MP1、MP2 大于 0.5 m 时,应分析(环境与设备方面)原因,补测 1 个时段。

   1) 补测后数据利用率仍然小于 80%,或两个频率的多路径效应影响 MP1、MP2 仍然大于 0.5 m 时,可视为环境条件达不到要求,但数据可以利用,补测数据需上交。

2) 补测后数据利用率大于 80%,或两个频率的多路径效应影响 MP1、MP2 小于 0.5 m 时,应再测 1 个时段。

6.1.4.6 数据下载与存储

每一个观测时段的观测数据应及时下载,下载之后应立即将原始观测数据转换为 RINEX 格式文件,以检查原始观测数据下载是否正确。通过网络连接打开 GNSS 接收机网页,下载原始观测数据,同时转换并下载 RINEX 数据。接收机内存数据文件在导出到外存介质时,不得进行任何剔除或删改,不得调用任何对数据实施重新加工组合的操作指令。数据下载过程中应监视数据传输时出现坏块的情况,完成数据下载后,应查阅提示信息,若未完全下载(<100%)或出现坏块,应重新调整通信参数再次下载数据。下载的数据应按照以下要求存放。

a) 每天的原始观测数据使用一个子目录,子目录命名方式为"测站编号+年代+该天的年积日+D(表示原始观测数据)",如在测站 A001,2023 年 6 月 16 日(该天的年积日为 167)观测,则该天的原始观测数据子目录命名为"/A00123167D/"。

b) 每天的 RINEX 数据使用另一个子目录,该子目录命名方式为"测站编号+年代+该天的年积日+R(表示 RINEX 格式数据)",如在测站 A001,2023 年 6 月 16 日(该天的年积日为 167)观测,则该天的 RINEX 数据子目录命名为"/A00123167R/"。

c) 每天的数据质量检查数据使用另一个子目录存储,命名方式为"测站编号+年代+该天的年积日+S(表示数据质量检查数据)",如在测站 A001,2023 年 6 月 16 日(该天的年积日为 167)观测,则该天的质量检查数据子目录命名为"/A00123167S/"。

d) 每个测站的观测照片存储于另一个子目录中,命名方式为"测站编号+年代+第一个时段年积日+Z(表示观测照片)",如在测站 A001,2023 年 6 月 16 日(该天的年积日为 167)观测,则该天的质量检查数据子目录命名为"/A00123167Z/"。通常情况下,补测测段不需要拍摄观测照片,但若补测时与原测时周围环境发生明显改变,应补拍远景照片。

e) 原始数据与 RINEX 数据应在计算机硬盘中保留至上交的数据检查验收完成,并在不同的介质上备份。接收机中的内存容量尚有足够空余时,存储的观测数据不得删除。

仔细核对 GNSS/水准点的点名、点号、接收机类型、天线类型、天线高及天线高量取方式等。

6.1.4.7 GNSS/水准点观测数据质量检查

观测成果的外业检核是确保外业观测质量、实现预期定位精度的重要环节。当观测结束后,必须在测区对外业的观测数据质量进行检核与评价,以便及时发现不合格的成果,并根据情况采取淘汰、重测或补测等措施。

GNSS/水准点观测数据质量采用 TEQC 软件进行检查,GNSS/水准点 RINEX 观测文件版本为 2.10 或 2.11。数据质量检查命令为"teqc +qc -nav n 文件 o 文件",检查内容如下。

a) 数据可利用率应高于 80%。

b) 多路径效应 MP1、MP2 均应小于 0.5 m。

c) 周跳比(o/slips)即观测数据和周跳数的比应大于 100。

6.2 水准观测

6.2.1 水准仪器的基本技术要求

本项目选用数字水准仪进行水准观测,按照 GB/T 12897—2006 要求,用于一等水准测量的水准仪精度应达到 DS05 级,用于二等水准测量的水准仪精度应达到 DS1 级。本项目的水准仪、水准标尺必须在施测前、后分别送相关仪器检定部门检定,并出具检定合格证书,且需在检定有效期内使用。

使用数字水准仪观测,整个作业期间,应每天开测前使用仪器自带的 i 角测定程序进行 i 角测定,保存于仪器中,要求 i 角不超过 15″,指标超限必须送厂家校正。若 i 角校正量大于 20″,则所有观测成果废弃。同时,新测定 i 角与上一次测段 i 角值比较,当相差 3.0″以上时,须再次进行 i 角测定,以确保 i 角值的正确性。按规定的格式记录每次的 i 角值,随仪器检定资料上交。记录格式如表 6.1 所示。

表 6.1 数字水准仪外业 i 角记录表

仪器类型:		仪器编号:		日期: 年
序号	月 日	i 角值	观测员	备 注

6.2.2 水准观测作业

a) 水准测量采用单路线往返观测。同一区段的往返测,应使用同一类型的仪器与转点尺承沿同一道路进行。

b) 在每一区段内,先连续进行所有测段的往测(或返测),随后再连续进行该区段的返测(或往测)。若区段较长,也可将区段分成 20～30 km 的几个分段,在分段内连续进行所有测段的往返观测。

c) 同一测段的往测(或返测)与返测(或往测)应分别在上午与下午进行,东西向水准路线中的同一测段往测(或返测)与返测(或往测)宜与日出、日落相对应。在日间气温变化不大的阴天和观测条件较好时,若干里程的往返测可都在上午或下午进行,但这种里程的总站数,一等水准测量不应超过该区段总站数的 20%,二等水准测量不应超过该区段总站数的 30%。

d) 观测的时间和气象条件,水准观测应在标尺分划线成像清晰而稳定时进行。下列情况下不宜进行观测。

  1) 日出后与日落前 30 min 内。
  2) 10 月至次年 3 月为冬季作业时间,日中天前后各 1 h。
  3) 4 月至 9 月为夏季作业时间,日中天前后各 2 h。
  4) 标尺分划线的影像跳动剧烈时。
  5) 气温突变时。
  6) 风力过大使标尺与仪器不能稳定时。

6.2.2.1 水准观测测站设置

a) 水准观测应根据路线土质选用尺桩(尺桩质量不轻于 1.5 kg,长度不短于 0.2 m)或尺台(尺台质量不轻于 5 kg)作转点尺承,特殊地段可采用大帽钉作为转点尺承。

b) 测站视线长度(仪器至标尺距离)、前后视距差、视线高度、数字水准仪重复测量次数按表 6.2 规定执行。

表 6.2 外业观测限差

单位:m

等级	仪器类型	视线长度	前后视距差	任一测站上前后视距差累计	视线高度	数字水准仪重复测量次数
一等	DS05	≥4 且≤30	≤1.0	≤3.0	≥0.65 且≤2.8	≥3
二等	DS1	≥3 且≤50	≤1.5	≤6.0	≥0.55 且≤2.8	≥2

注:个别困难条件下(如上楼梯等),可允许视线长度≥1.5 m、可允许视线高度≥0.45 m。

c) 测站观测顺序。往、返测奇数测站照准标尺的顺序为:①后视标尺;②前视标尺;③前视标尺;④后视标尺。往、返测偶数测站照准标尺的顺序为:①前视标尺;②后视标尺;③后视标尺;④前视标尺。

6.2.2.2 **间歇与检测**

a) 观测间歇时,应在最后一站选择三个坚稳可靠、光滑突出、便于放置标尺的固定点作为间歇点。如无固定点可选择,则间歇前应对最后两测站的转点尺桩(将尺台作为转点尺承时,可用三个带帽钉的木桩)做妥善安置,将其作为间歇点。

b) 从间歇点起测前应对间歇点进行检测,先检测末站两个间歇点,比较两尺承点间歇前后所测高差,若符合限差要求,可由最末起测,若超过限差,可变动仪器高度再检测一次;若仍超过限差,可检测次末站两个间歇点,比较两尺承点间歇前后所测高差,若符合限差要求,可由中间间歇点起测,若超过限差,可变动仪器高度再检测一次;若仍超过限差,可将末站和次末站的检测高差与首尾两个间歇点的高差进行比较,若符合限差要求,可由最末起测,若超过限差,则应从前一水准点起测。

c) 检测成果应在手簿中保留,但计算高差时不采用。

d) 数字水准仪测量间歇可用建立新测段等方法检测。检测有困难时最好收测在固定点上。

6.2.2.3 **测站观测限差**

测站观测限差应不超过表6.3的规定。

表6.3 测站观测限差

单位:mm

等级	两次读数所测高差的差	检测间歇点高差的差
一等	0.4	0.7
二等	0.6	1.0

若测站观测误差超限,在本站发现后可立即重测,若迁站后才检查发现,后尺承未动时,可退一站重测,若后尺承移动,则应从水准点起始,重新观测。

6.2.2.4 **观测中应遵守的事项**

a) 观测前30 min应将仪器置于露天阴影下,使仪器与外界气温趋于一致;设站时,应用测伞遮蔽阳光。使用数字水准仪前,还应进行预热,预热不少于20次单次测量。

b) 在连续各测站上安置水准仪的三脚架时,应使其中两脚与水准路线的方向平行,将第三脚轮换置于路线方向的左侧与右侧。

c) 除路线转弯处外,每一测站上仪器与前视、后视标尺的三个位置应接近一条直线。

d) 不应为了增加标尺读数,而把尺桩(台)安置在壕坑中。

e) 转动仪器的倾斜螺旋和测微鼓时,其最后旋转方向应为旋进。

f) 每一测段的往测与返测,其测站数均应为偶数。由往测转向返测时,两支标尺应互换位置,并应重新整置仪器。

g) 在高差甚大的地区,应选用长度稳定及标尺名义米长偏差和分划偶然误差较小的水准标尺作业。

h) 对于数字水准仪,应避免望远镜直接对着太阳;尽量避免视线被遮挡,遮挡不超过标尺在望远镜中截长的20%;仪器只能在厂方规定的温度范围内工作;确信震动源造成的震动消失后,才能启动测量键。

6.2.2.5 **上下标连测**

卫星导航定位连续运行基准站以东北下标志为主标志,对其余下标志及上标志进行连测;卫星定位大地控制点以下标志为主标志,对上标志进行连测;普通观测墩以下标志为主标志,对上标志进行连测;基本水准点以上标志为主标志,对下标志进行连测;明暗标水准点以暗标志为主标志,对明标志进行连测。

观测时使用同一标尺,变换仪器高度测定2次,2次高差之差不得超过1.0 mm,并编制上下标连测表,详见表6.4。

表 6.4　上下标连测表

编号	点名	第一次观测高差/m	第二次观测高差/m	高差中数/m	不符值/mm	备注
1	水准点 1	−0.957 36	−0.957 42	−0.957 4	+0.1	上标志至下标志
2	水准点 2	+0.274 00	+0.274 04	+0.274 0	−0.0	暗标志至明标志
3	有多个下标的点位	+0.000 42	+0.000 53	+0.000 5	−0.1	东北下标志至东南下标志
		−0.011 11	−0.011 11	−0.011 1	+0.0	东北下标志至西南下标志
		−0.015 85	−0.015 91	−0.015 9	+0.1	东北下标志至西北下标志
		+2.496 00	+2.496 00	+2.496 0	+0.0	东北下标志至上标志

6.2.2.6　结点的观测

位于变形量较大地区的结点,应由几个观测组协同作业,尽量缩短接测时间。

6.2.3　起算点检测

水准连测中的国家一等水准点位均需进行水准检测,检测路线以一等水准测量观测要求进行,限差参照表 6.5 中“检测已测测段高差之差”的相关规定执行。经检测确定的稳定的点位均作为本次工程建设水准测量起算点。

表 6.5　往返测高差不符值、附合路线闭合差、环闭合差与检测已测测段高差之差限差

单位:mm

等级	测段、区段、路线往返测高差不符值	附合路线闭合差	环闭合差	检测已测测段高差之差
一等	$1.8\sqrt{k}$	—	$2\sqrt{F}$	$3\sqrt{R}$
二等	$4\sqrt{k}$	$4\sqrt{L}$	$4\sqrt{F}$	$6\sqrt{R}$

注:k 为测段、区段或路线长度,取单位为 km 时的数值;当测段长度小于 0.1 km 时,按 0.1 km 计算。
L 为附合路线长度,取单位为 km 时的数值。
F 为环线长度,取单位为 km 时的数值。
R 为检测测段长度,取单位为 km 时的数值。

检测应先进行单程检测,若单程检测超限,则应检测该测段另一单程,若高差中数仍超限,则确定该点位的沉降值。确定沉降的点位应重新进行平差计算,更新高程成果,并修改点名,如“Ⅰ杭广南××”修改为“Ⅱ杭广南××(Ⅰ杭广南××)”。

6.2.4　新旧路线连测或接测时的检测

新设的水准路线与已测的水准点连测或接测时,若该水准点的前后观测时间超过 3 个月,应进行检测。

检测时,应单程检测一个已测测段。若单程检测超限,则应检测该测段另一单程,若高差中数仍超限,则继续往前检测,以确定稳固可靠的已测点作为连接点。

检测测段两点间距离不宜小于 1 km。

6.2.5　往返测高差不符值、环闭合差

往返测高差不符值、环闭合差与检测高差之差的限差应不超过表 6.5 的规定。

当连续若干测段的往返测高差不符值保持同一符号,且大于不符值限差的 20%时,在以后各测段的观测中,除酌量缩短视线外,还应采取加强仪器隔热和防止尺桩(台)位移等措施。

6.2.6 成果的重测和取舍

a) 测段往返测高差不符值超限,应先就可靠程度较小的往测或返测进行整测段重测并按以下原则取舍:①若重测的高差与同方向原测高差的不符值超过往返测高差不符值的限差,但与另一单程高差的不符值未超出限差,则取重测结果;②若同方向两高差不符值未超出限差,且其中数与另一单程高差的不符值亦未超出限差,则取同方向中数作为该单程的高差;③若①中的重测高差(或②中同方向两高差中数)与另一单程的高差不符值超出限差,应重测另一单程;④当超限测段经过两次或多次重测后,出现同向观测结果靠近而异向观测结果间不符值超限的分群现象时,若同方向高差不符值小于限差之半,则取原测的往返高差中数作为往测结果,取重测的往返高差中数作为返测结果。
b) 区段、路线往返测高差不符值超限时,应就往返测高差不符值与区段(路线)不符值同符号中较大的测段进行往返重测。若重测合限,取用往返重测成果,原测成果不采用。若重测后仍超出限差,则应重测其他测段。
c) 附合路线与环线闭合差超限时,应就路线上可靠程度较小(往返测高差不符值较大或观测条件较差)的某些测段进行往返重测。若重测合限,取用往返重测成果,原测成果不采用。若重测后仍超出限差,则应重测其他测段。
d) 每千米水准测量的偶然中误差 M_{Δ} 超出限差时,应分析原因,重测有关测段或路线。
e) 测段重测与原测时间超过三个月,须进行检测。检测按照 GB/T 12897—2006 中新旧路线连接时的检测要求进行。
f) 重测和取舍的情况及分析应写入技术总结。

6.2.7 原始数据格式

数字水准仪的观测记录可采用仪器直接存储或以外接电子记录手簿的方式记录,输出格式则采用统一的电子记簿格式。

观测数据应及时进行自查、备份,打印测段小结,并提交至各自实施单位项目组检查。

6.2.8 其他特殊说明

在水准观测中如遇到大型的桥,白天车流量大,桥面震动大,导致水准测不过去,可以在夜间进行测量。

6.3 观测同期性要求

同一控制点 GNSS 测量与水准观测时间间隔不宜超过 30 天,最长不得超过 3 个月,以确保控制点观测数据的同期性。

设区市内各县市区之间或设区市之间进行水准接测时,时间间隔超过 3 个月,应按照 6.2.3 节起算点检测要求进行点位检测。

7 成果整理

7.1 选建资料

7.1.1 GNSS/水准点选建资料

a) GNSS/水准点普查记录表。

b) GNSS/水准点观测条件测试原始数据。

c) GNSS/水准点点位登记表。

d) GNSS/水准点新增点标石埋设照片。

e) GNSS/水准点点之记。

f) GNSS 控制网展点图。

7.1.2 水准点选建资料

a) 水准路线点位普查登记表。

b) 水准点普查照片。

c) 新增水准点标石埋设照片。

d) 水准点点之记。

e) 水准网图。

7.2 观测资料

7.2.1 GNSS 观测资料

a) GNSS 外业观测手簿(纸质文档)。

b) 观测数据光盘(原始数据、RINEX 格式数据各 1 份)。

c) GNSS 点外业观测信息表(见附录 M)。

d) 仪器检定证书复印件(电子文档为扫描件)(测前、测后)。

7.2.2 水准观测资料

a) 水准路线观测原始数据(电子文件)、i 角测定记录表。

b) 水准观测(含检测)手簿。

c) 上下标志连测表。

d) 水准测量野外高差与概略高程表。

e) 水准测量外业观测信息统计表(见附录 N)。

f) 水准仪检验、检查资料(测前、测后)。

g) 水准标尺检验、检查资料(测前、测后)。

h) 水准路线外业观测网图。

i) 偶然中误差、全中误差计算表。

j) 仪器检定证书复印件(电子文档为扫描件)。

7.3 文档资料

7.3.1 选建文档资料

a) 工作报告。

b) 技术总结。

c) 质量检查报告。

7.3.2 观测文档资料

a) 工作报告。

b) 技术总结。

c) 质量检查报告。

附 录 A
(资料性)
浙江省水准路线布设

图 A.1 给出了浙江省一、二等水准连测路线升级优化分布。

图 A.1 浙江省一、二等水准连测路线升级优化分布

附 录 B
(资料性)
浙江省连测水准基点分布

图 B.1 给出了浙江省相邻设区市间的连测水准基点分布。

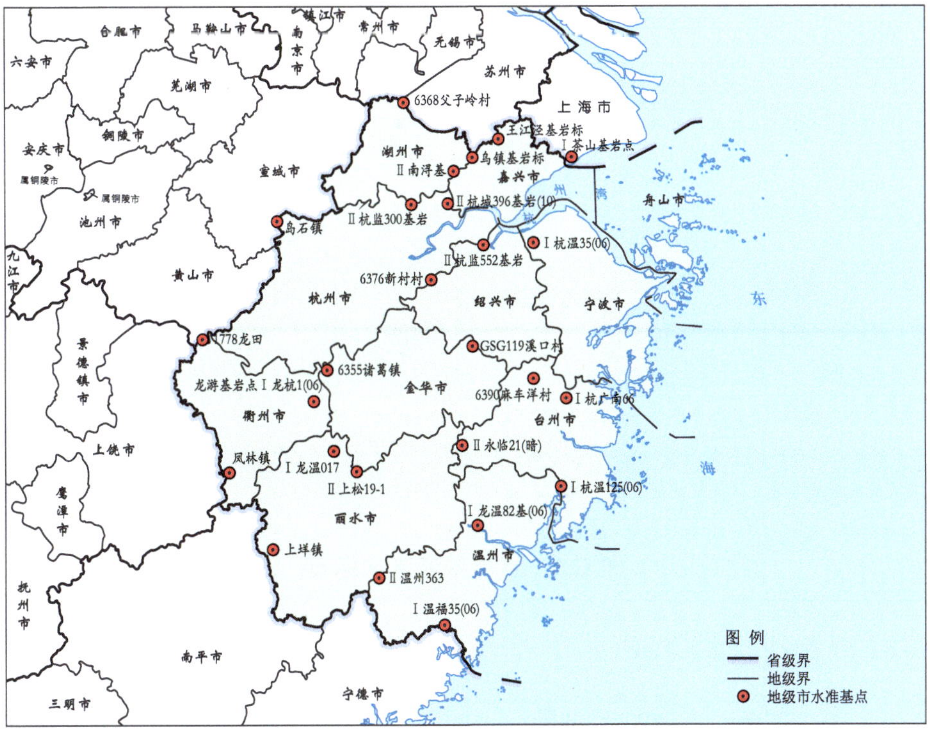

图 B.1 浙江省相邻设区市间的连测水准基点分布

附　录　C
（资料性）
点位埋石参照规格

采用不同材料进行点位埋石的参照规格如图 C.1、图 C.2、图 C.3、图 C.4 所示。应以实地埋设为准绘制标石断面图的具体点位尺寸。

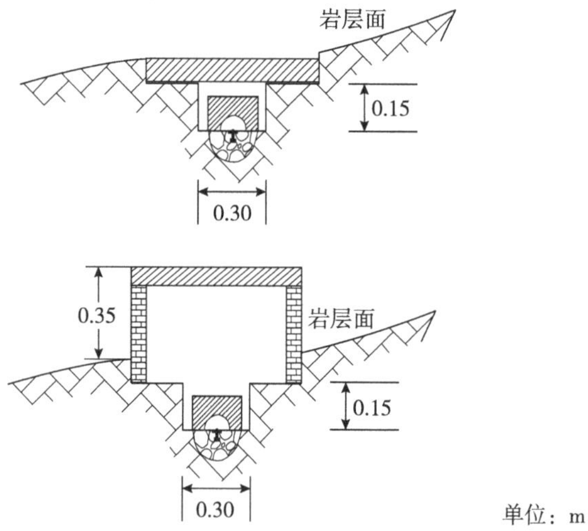

图 C.1　岩层普通水准标石

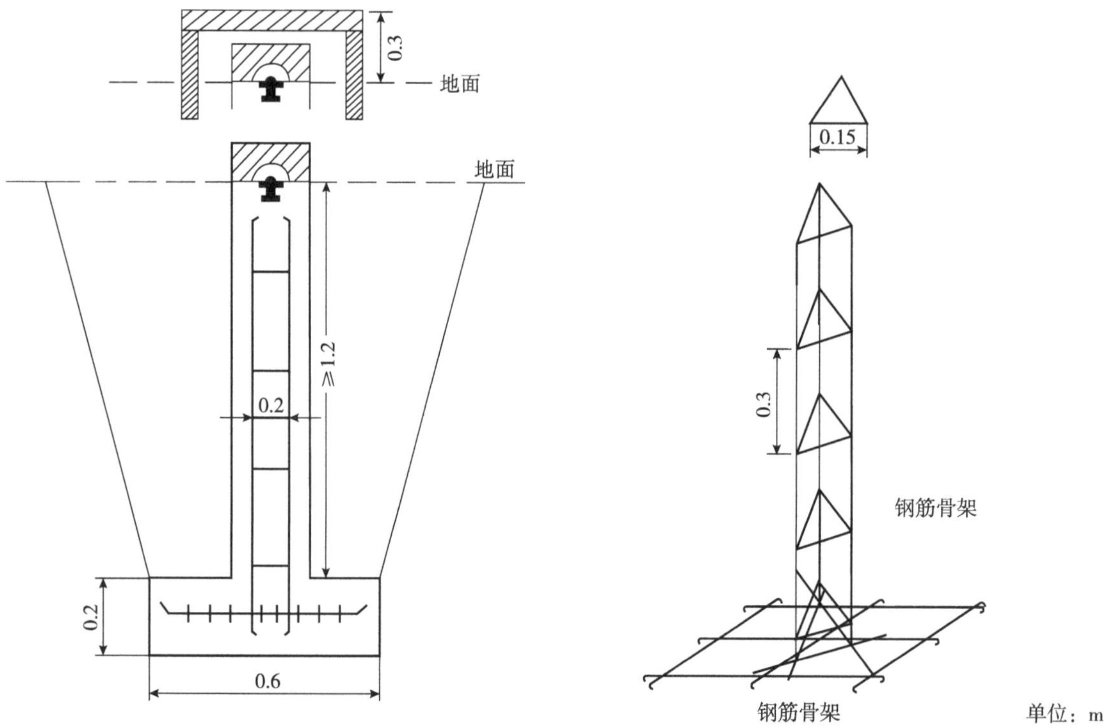

（a）混凝土柱普通水准标石参照式样1

图 C.2　混凝土柱普通水准标石

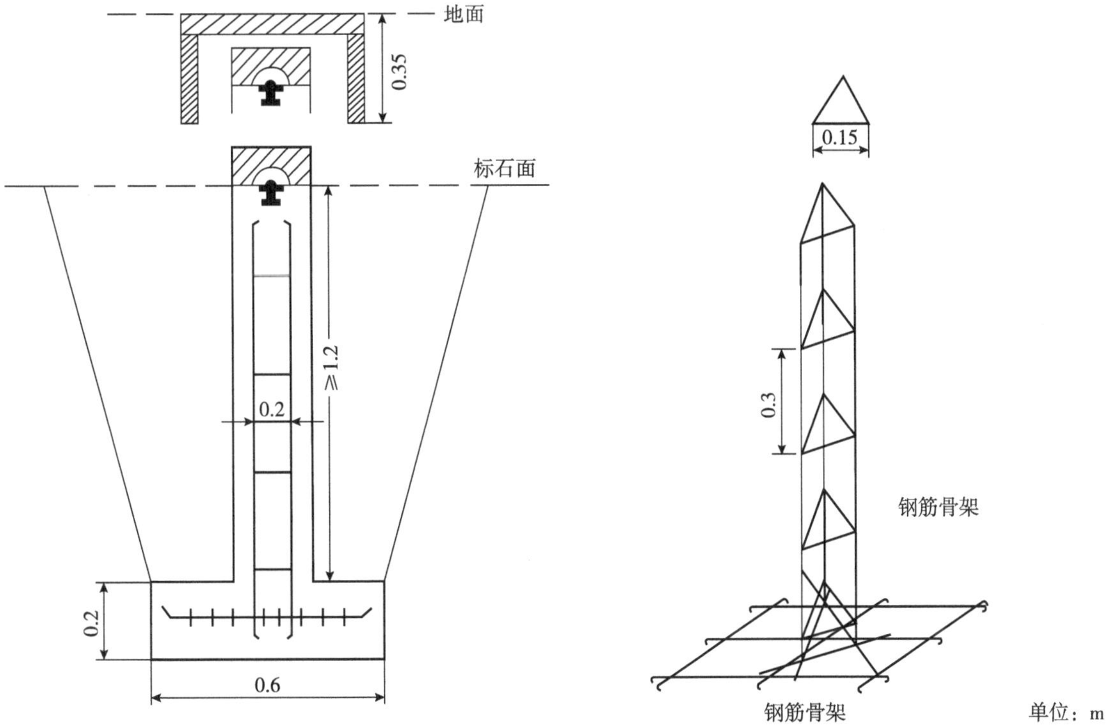

（b）混凝土柱普通水准标石参照式样2

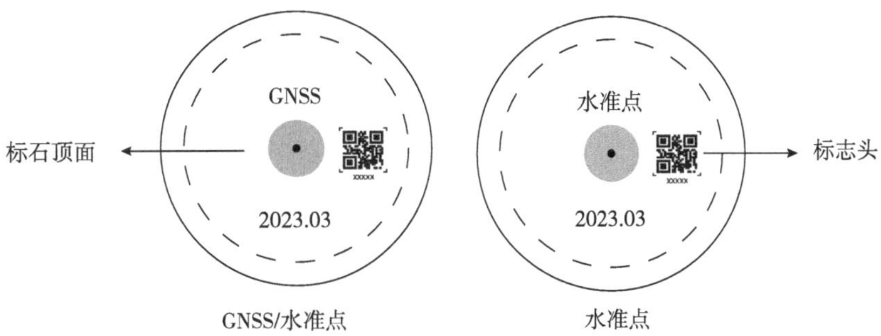

（c）标石顶面设计

图 C.2　混凝土柱普通水准标石(续)

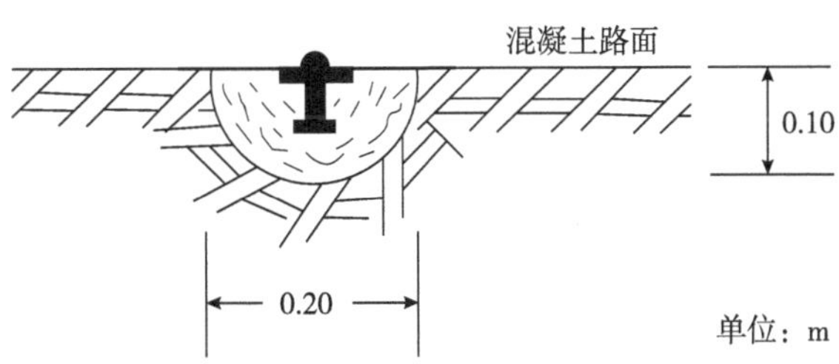

图 C.3　固定构筑物水准标石

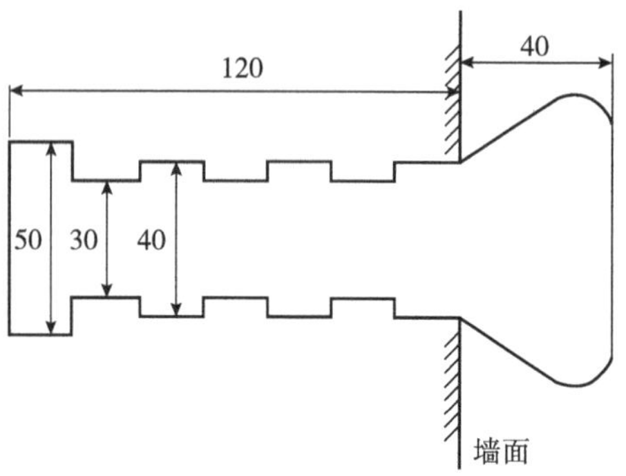

单位：mm

图 C.4　墙脚水准标志

附 录 D
(资料性)
浙江省相邻设区市连测水准基点统计

表 D.1 给出了浙江省相邻设区市连测水准基点统计,仅供选择参考。

表 D.1 相邻设区市连测水准基点统计

序号	相邻设区市	接测水准点	接测水准点所在地	接边县市区
1	杭州—金华	6355 诸葛镇	金华市兰溪市诸葛镇卧龙湖度假村	建德市—兰溪市—龙游县
2	杭州—宣城(安徽)	岛石镇	杭州市临安区岛石镇仁里村	临安区—宁国市
3	杭州—绍兴	Ⅱ杭监 552 基岩	绍兴市柯桥区山外村驼峰山	萧山区—柯桥区
4	杭州—绍兴	6376 新村村	绍兴市诸暨市次乌镇新村	萧山区—诸暨市
5	宁波—台州	Ⅰ杭广南 66	浙江省台州市三门县高枧乡双娄村	宁海县—三门县
6	绍兴—宁波	Ⅰ杭温 35(06)	浙江省宁波市余姚市临山镇临山村	上虞区—余姚市
7	绍兴—台州	6390 麻车洋村	台州市天台县赤城街道麻车洋村三组(上岙)	新昌县—天台县
8	台州—温州	Ⅰ杭温 125(06)	温州市乐清市湖雾镇永丰村	温岭市—乐清市
9	杭州—湖州	Ⅱ杭城 396 基岩(10)	杭州市临平区临平街道临平区老干部活动中心	临平区—德清县
10	杭州—湖州	Ⅱ杭监 300 基岩	杭州市余杭区良渚镇上溪村羊后山组	余杭区—德清县
11	湖州—无锡(江苏)	6368 父子岭村	湖州市长兴县夹浦镇父子岭村敌楼湾自然村	长兴县—宜兴市
12	湖州—嘉兴	乌镇基岩标	嘉兴市桐乡市乌镇镇分水墩村	南浔区—桐乡市
13	湖州—嘉兴	Ⅱ南浔基	湖州市南浔区善琏镇含山集镇含山风景区	南浔区—桐乡市
14	嘉兴—上海	Ⅰ茶山基岩点	上海市金山区查山	平湖市—金山区
15	嘉兴—苏州(江苏)	王江泾基岩标	嘉兴市秀洲区王江泾镇王江泾水文站	秀洲区—吴江区
16	杭州—嘉兴	Ⅱ杭城 396 基岩(10)	杭州市临平区临平街道临平区老干部活动中心	临平区—海宁市
17	杭州—衢州	6355 诸葛镇	金华市兰溪市诸葛镇卧龙湖度假村	建德市—兰溪市—龙游县
18	衢州—丽水	Ⅰ龙温 017	丽水市遂昌县云峰镇连头村阴鬼山组华瑞木业有限公司	龙游县—遂昌县
19	衢州—上饶(江西)	凤林镇	衢州市江山市凤林镇凤里村	江山市—广丰区
20	衢州—黄山(安徽)	1778 龙田	安徽省黄山市屯溪区	开化县—屯溪区
21	温州—宁德(福建)	Ⅰ温福 35(06)	温州市苍南县大龙乡关庙村	苍南县—福鼎市

表 D.1 (续)

序号	相邻设区市	接测水准点	接测水准点所在地	接边县市区
22	温州—丽水	Ⅱ温州 363	丽水市景宁畲族自治县东坑镇东坑村	泰顺县—景宁畲族自治县
23	绍兴—金华	GSG119 溪口村	金华市东阳市虎鹿镇溪口村	嵊州市—东阳市
24	台州—金华	6390 麻车洋村	台州市天台县赤城街道麻车洋村三组(上岙)	天台县—磐安县
25	金华—丽水	Ⅱ上松 19-1	丽水市松阳县平田村	武义县—松阳县
26	金华—衢州	龙游基岩点Ⅰ龙杭 1(06)	衢州市龙游县龙游镇鸡鸣村光荣山宝塔路 56 号革命烈士陵园	婺城区—龙游县
27	台州—丽水	Ⅱ永临 21(暗)	台州市仙居县湫山乡东回村	仙居县—缙云县
28	温州—丽水	Ⅰ龙温 82 基(06)	温州市永嘉县桥头镇桃湾村	永嘉县—青田县
29	丽水—南平(福建)	上垟镇	丽水市龙泉市上垟镇木岱村	龙泉市—浦城县

附　录　E
（资料性）
点位普查登记表格式

表 E.1 给出了点位普查登记表的格式及示例。

表 E.1　点位普查登记表

×××市高精度数字高程基准工程建设项目点位普查登记表													
序号	点号点名	其他名称	标石类型	纬度	经度	普查后意见						备注
				(°　′　″)	(°　′　″)	标石	标志	警示牌/桩	保护盘	标志盖	利用情况	
1	××××	/	普通标石	××°××′××.×″	×××°××′××.×″	√	√	×	×	×	√	

附　录　F
(资料性)
GNSS/水准点点之记格式

GNSS/水准点点之记的格式如表 F.1 所示,填写说明如下。

a) GNSS/水准点点之记须制作成电子文档,每个 GNSS/水准点点之记共有 2 页,打印文本须双面打印。
b) “概略位置”由手持 GNSS 接收机测定,经纬度标注至 0.1″,概略高程标注至整米。概略高程所采用的高程系统必须统一,并注明高程系统,如“正常高”或“大地高”等。
c) “所在地”填写点位所处位置,由省(直辖市)至最小行政区、行政村、自然村的名称及点位具体位置构成。
d) “点位略图”须在现场绘制,注明点位至主要特征地貌(地物)的方向和距离。绘图比例尺可根据实地情况,在易于找到点位的原则下适当变通。
e) “电信情况”填写距点位最近的固定电话位置、点位所处位置的移动电话网络信号情况。
f) “地类”填写植被类别。
g) “土质”填写埋石坑底的土质,并注明含沙砾百分比。
h) “最近水源”填写最近水源位置及与点位的距离。
i) “交通情况”填写自大(中)城市至本点的汽车运行路线,并注明交通工具达点情况。
j) “交通路线图”可依比例尺绘制,亦可绘制交通情况示意图,或依照测量标志管理,附二维码,用于点位导航。
k) “点位环视图”按点位周围高度角大于 15°的遮挡地貌(地物)方向及高度角,绘制遮挡范围,遮挡范围内填绘阴影线。
l) “点位环视图说明”填写点位周围遮挡地貌(地物)的方向、高度角及其对观测的影响,并写明点位附近有无强磁场和强振动源。
m) “标石类型”应根据实际点位标石类型填写岩层普通水准标石、混凝土柱普通水准标石或其他普通水准标石。
n) “标石断面图”按埋设的实际尺寸填绘。

表 F.1　GNSS/水准点点之记

网名:(如浙江省高精度数字高程基准工程)　　　　网区:(如湖州市)

<table>
<tr><td>点名</td><td></td><td>点号</td><td></td><td>类别</td><td>GNSS/水准点</td><td>等级</td><td></td></tr>
<tr><td>所在图幅</td><td colspan="3"></td><td colspan="4">点位略图</td></tr>
<tr><td>概略位置</td><td>$B=$</td><td>$L=$</td><td>$H=$</td><td colspan="4" rowspan="6">N</td></tr>
<tr><td>所在地</td><td colspan="3"></td></tr>
<tr><td>最近住所</td><td colspan="3"></td></tr>
<tr><td>供电情况</td><td colspan="3"></td></tr>
<tr><td>电信情况</td><td colspan="3"></td></tr>
<tr><td>地类</td><td></td><td>土质</td><td></td></tr>
<tr><td>冻土深度</td><td></td><td>解冻深度</td><td></td><td colspan="4">交通路线图</td></tr>
<tr><td>最近水源</td><td colspan="3"></td><td colspan="4" rowspan="4">例:
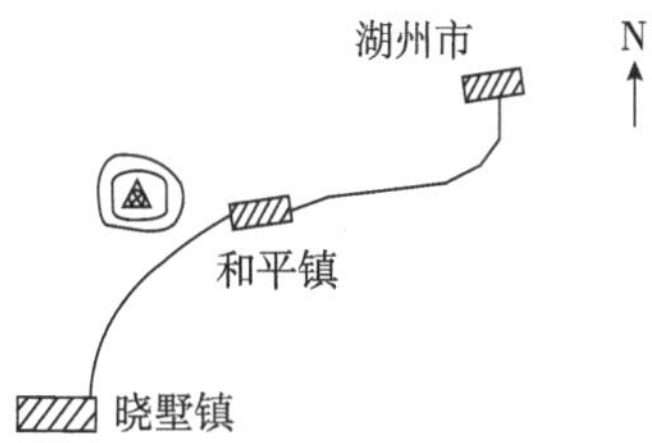
</td></tr>
<tr><td>石子来源</td><td colspan="3"></td></tr>
<tr><td>沙子来源</td><td colspan="3"></td></tr>
<tr><td>交通情况</td><td colspan="3"></td></tr>
<tr><td colspan="4">选点情况</td><td colspan="4">便于连测的水准点等级、点名、点号及连测里程</td></tr>
<tr><td>选点者</td><td></td><td>选点日期</td><td></td><td colspan="4" rowspan="2"></td></tr>
<tr><td>单位</td><td colspan="3"></td></tr>
<tr><td colspan="4">原有高等级大地、重力、形变点位利用情况</td><td colspan="4">便于连测的重力点等级、点名、点号及连测里程</td></tr>
<tr><td colspan="4"></td><td colspan="4"></td></tr>
<tr><td colspan="4">点位环视图说明</td><td colspan="4">点位环视图</td></tr>
<tr><td colspan="4">例:
a)　高度角大于15°的水平投影之和为××°。
b)　点位附近无强磁场及强振动源。</td><td colspan="4">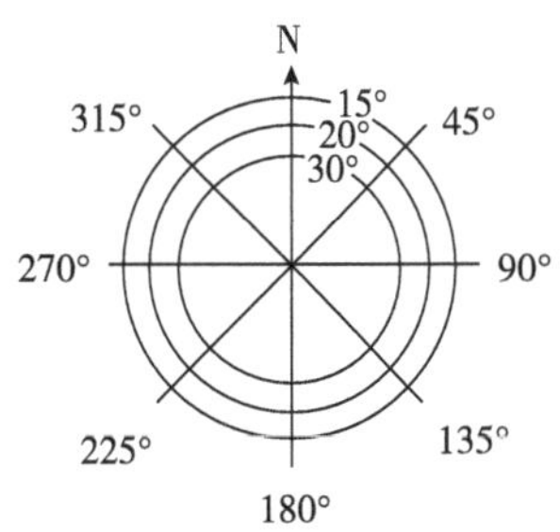
</td></tr>
</table>

表 F.1 （续）

<table>
<tr><td colspan="2">埋石情况</td><td>标石类型</td><td></td></tr>
<tr><td>埋石者</td><td></td><td colspan="2">标石断面图</td></tr>
<tr><td>单位</td><td></td><td colspan="2" rowspan="8">单位:m</td></tr>
<tr><td>埋石日期</td><td></td></tr>
<tr><td colspan="2">保管情况</td></tr>
<tr><td>责任人</td><td></td></tr>
<tr><td>单位</td><td></td></tr>
<tr><td>地址</td><td></td></tr>
<tr><td>邮编</td><td></td></tr>
<tr><td>电话</td><td></td></tr>
<tr><td>备注</td><td colspan="3">高程系统为:大地高</td></tr>
</table>

附 录 G
(资料性)
GNSS/水准点普查记录表格式

表 G.1 给出了 GNSS/水准点普查记录表的格式及示例。

表 G.1 GNSS/水准点普查记录表

<table>
<tr><td>点名</td><td>×××××</td><td>点号</td><td>GSE016</td><td>巡查员</td><td>×××</td><td>巡查时间</td><td>2023-06-02</td></tr>
<tr><td>标石情况照片</td><td colspan="7"></td></tr>
<tr><td>点位环境照片</td><td colspan="7"></td></tr>
</table>

表 G.1 （续）

东面遮挡情况照片	
南面遮挡情况照片	
西面遮挡情况照片	

表 G.1 (续)

<table>
<tr><td>北面遮挡情况照片</td><td colspan="6">
</td></tr>
<tr><td>数据质量检测</td><td>有效率/%</td><td>99</td><td>MP1/m</td><td>0.37</td><td>MP2/m</td><td>0.33</td></tr>
<tr><td>备注</td><td colspan="6"></td></tr>
</table>

附　录　H
（资料性）
水准点普查记录表格式

表 H.1 给出了水准点普查记录表的格式及示例。

表 H.1　水准点普查记录表

<table>
<tr><td>点名</td><td>Ⅱ嘉兴基</td><td>点号</td><td>Ⅱ嘉兴基</td><td>巡查员</td><td>×××</td><td>巡查时间</td><td>2023-06-01</td></tr>
<tr><td>标石情况照片</td><td colspan="7"></td></tr>
<tr><td>点位环境照片</td><td colspan="7"></td></tr>
</table>

附 录 I
(资料性)
待完善更新的水准点点之记格式

表 I.1 给出了待完善更新的水准点点之记格式。

表 I.1 水准点点之记

<table>
<tr><td colspan="6">____等水准点点之记</td></tr>
<tr><td colspan="5">路线名称：</td><td>点名：</td></tr>
<tr><td colspan="3">点位详图</td><td colspan="3">标石断面图

单位：m</td></tr>
<tr><td>所在图幅</td><td colspan="2"></td><td>标石类型</td><td colspan="2"></td></tr>
<tr><td>经 纬 度</td><td>L：</td><td>B：</td><td>标石质料</td><td colspan="2"></td></tr>
<tr><td>所 在 地</td><td colspan="5"></td></tr>
<tr><td>地别土质</td><td></td><td>土地使用者</td><td></td><td>地下水深度</td><td></td></tr>
<tr><td>交通路线</td><td colspan="5"></td></tr>
<tr><td>点位详细说明</td><td colspan="5"></td></tr>
<tr><td>管理单位</td><td colspan="3"></td><td>责任人</td><td></td></tr>
<tr><td>选点单位</td><td></td><td>埋石单位</td><td></td><td>维修单位</td><td></td></tr>
<tr><td>选 点 者</td><td></td><td>埋 石 者</td><td></td><td>维修者</td><td></td></tr>
<tr><td>选点日期</td><td></td><td>埋石日期</td><td></td><td>维修日期</td><td></td></tr>
<tr><td>备 注</td><td colspan="5"></td></tr>
</table>

附　录　J
(资料性)
点位埋石照片格式

表 J.1 给出了点位埋石照片的记录格式。

表 J.1　点位埋石照片

点名：			
标石坑照片		钢筋骨架照片	
柱石建造照片		护井情况照片	
位置及环境照片		⋮	

附 录 K
(资料性)
浙江省各县市区代码

表 K.1 给出了浙江省各县市区代码。

表 K.1 浙江省各县市区代码

序号	设区市名称	县市区名称	代码
1	杭州市	上城区	0102
		拱墅区	0105
		西湖区	0106
		滨江区	0108
		萧山区	0109
		余杭区	0110
		富阳区	0111
		临安区	0112
		临平区	0113
		钱塘区	0114
		桐庐县	0122
		淳安县	0127
		建德市	0182
2	宁波市	海曙区	0203
		江北区	0205
		北仑区	0206
		镇海区	0211
		鄞州区	0212
		奉化区	0213
		象山县	0225
		宁海县	0226
		余姚市	0281
		慈溪市	0282
3	温州市	鹿城区	0302
		龙湾区	0303
		瓯海区	0304
		洞头区	0305
		永嘉县	0324

表 K.1 (续)

<table>
<tr><th>序号</th><th>设区市名称</th><th>县市区名称</th><th>代码</th></tr>
<tr><td rowspan="7">3</td><td rowspan="7">温州市</td><td>平阳县</td><td>0326</td></tr>
<tr><td>苍南县</td><td>0327</td></tr>
<tr><td>文成县</td><td>0328</td></tr>
<tr><td>泰顺县</td><td>0329</td></tr>
<tr><td>瑞安市</td><td>0381</td></tr>
<tr><td>乐清市</td><td>0382</td></tr>
<tr><td>龙港市</td><td>0383</td></tr>
<tr><td rowspan="7">4</td><td rowspan="7">嘉兴市</td><td>南湖区</td><td>0402</td></tr>
<tr><td>秀洲区</td><td>0411</td></tr>
<tr><td>嘉善县</td><td>0421</td></tr>
<tr><td>海盐县</td><td>0424</td></tr>
<tr><td>海宁市</td><td>0481</td></tr>
<tr><td>平湖市</td><td>0482</td></tr>
<tr><td>桐乡市</td><td>0483</td></tr>
<tr><td rowspan="5">5</td><td rowspan="5">湖州市</td><td>吴兴区</td><td>0502</td></tr>
<tr><td>南浔区</td><td>0503</td></tr>
<tr><td>德清县</td><td>0521</td></tr>
<tr><td>长兴县</td><td>0522</td></tr>
<tr><td>安吉县</td><td>0523</td></tr>
<tr><td rowspan="6">6</td><td rowspan="6">绍兴市</td><td>越城区</td><td>0602</td></tr>
<tr><td>柯桥区</td><td>0603</td></tr>
<tr><td>上虞区</td><td>0604</td></tr>
<tr><td>新昌县</td><td>0624</td></tr>
<tr><td>诸暨市</td><td>0681</td></tr>
<tr><td>嵊州市</td><td>0683</td></tr>
<tr><td rowspan="9">7</td><td rowspan="9">金华市</td><td>婺城区</td><td>0702</td></tr>
<tr><td>金东区</td><td>0703</td></tr>
<tr><td>武义县</td><td>0723</td></tr>
<tr><td>浦江县</td><td>0726</td></tr>
<tr><td>磐安县</td><td>0727</td></tr>
<tr><td>兰溪市</td><td>0781</td></tr>
<tr><td>义乌市</td><td>0782</td></tr>
<tr><td>东阳市</td><td>0783</td></tr>
<tr><td>永康市</td><td>0784</td></tr>
</table>

表 K.1 (续)

序号	设区市名称	县市区名称	代码
8	衢州市	柯城区	0802
		衢江区	0803
		常山县	0822
		开化县	0824
		龙游县	0825
		江山市	0881
9	舟山市	定海区	0902
		普陀区	0903
		岱山县	0921
		嵊泗县	0922
10	台州市	椒江区	1002
		黄岩区	1003
		路桥区	1004
		三门县	1022
		天台县	1023
		仙居县	1024
		温岭市	1081
		临海市	1082
		玉环市	1083
11	丽水市	莲都区	1102
		青田县	1121
		缙云县	1122
		遂昌县	1123
		松阳县	1124
		云和县	1125
		庆元县	1126
		景宁畲族自治县	1127
		龙泉市	1181

附　录　L
(资料性)
GNSS 外业观测手簿格式

表 L.1 给出了 GNSS 外业观测手簿的内容及格式。

表 L.1　GNSS 外业观测手簿

观测者：__________　天气：__________

仪器型号：____________

接收机编号：____________　天线编号：______________

测站名 ___________　测站号 ____________　观测时段 ___________

本测站为：□ 新点；□ 旧点

点位等级：(　) 级点 (　) 等点 (　) 等水准点

开机时间：______ 月 _______ 日 _______ : _______

关机时间：______ 月 _______ 日 _______ : _______

天线高量取方法：□ 直高；□ 斜高

天线高(m)：

测前：1. __________ 2. __________ 3. __________ 平均值 __________

测后：1. __________ 2. __________ 3. __________ 平均值 __________

注：记录时间采用北京时间。

附　录　M
（资料性）
GNSS 点外业观测信息表格式

表 M.1 给出了 GNSS 点外业观测信息表的格式及示例。

表 M.1　GNSS 点外业观测信息表

日期	观测员	点号	GNSS 点名	年积日	开机时间	关机时间	仪器型号	仪器编号	天线型号	天线编号	天线高量取值(m)	天线高归算值(m)	MP1	MP2	有效率(%)
2022-03-07	×××	6361	皈山扬村	066	08:07	7:59	×× NetR9	5036K70218	TRM59800	4823A54059	×××	×××	0.33	0.33	99

附 录 N
(资料性)
水准测量外业观测信息统计表格式

表 N.1 给出了水准测量外业观测信息统计表的格式。

表 N.1 水准测量外业观测信息统计

路线号	测段编号	点名	测段距离(km)(取位0.1 km)	往测开始时间(年月日时分)	往测结束时间(年月日时分)	返测开始时间(年月日时分)	返测结束时间(年月日时分)	往测上午站数	往测下午站数	返测上午站数	返测下午站数	往测高差取5位	返测高差取5位	往测平均温度(℃)(取位0.1℃)	往测平均温度(℃)(取位0.1℃)	纬度(D.MS)(取位0.1″)	经度(D.MS)(取位0.1″)	标尺号1	标尺号2

注:测段编号从“01”起编。

参 考 文 献

[1] GB/T 10156—2009　水准仪
[2] GB/T 18316—2008　数字测绘成果质量检查与验收
[3] GB/T 23709—2009　区域似大地水准面精化基本技术规定
[4] GB/T 24356—2023　测绘成果质量检查与验收
[5] CH/T 1001—2005　测绘技术总结编写规定
[6] CH/T 1004—2005　测绘技术设计规定
[7] CH/T 1040—2018　区域似大地水准面精化精度检测技术规程
[8] CH/T 2004—1999　测量外业电子记录基本规定
[9] CH 8016—1995　全球定位系统(GPS)测量型接收机检定规程
[10] CH/T 8020—2009　因瓦条码水准标尺检定规程
[11] JJG 8—1991　水准标尺检定规程
[12] JJG 425—2003　水准仪检定规程